AF307144

PID Parametertabellen für zeitverzögerte Systeme für minimierte ITAE und IAE Kriterien

Roland Büchi

Bibliografische Information der Deutschen Nationalbibliothek
Die Deutsche Nationalbibliothek verzeichnet diese Publikation in der Deutschen Nationalbibliografie; detaillierte bibliografische Daten sind im Internet über www.dnb.de abrufbar.

Impressum
Roland Büchi, 2022
Herstellung und Verlag: BoD – Books on Demand, Norderstedt
ISBN: 978-3-7562-3447-9

PID Parametertabellen für zeitverzögerte Systeme für minimierte ITAE und IAE Kriterien

PID Parametertabellen für zeitverzögerte Systeme für minimierte ITAE und IAE Kriterien

Für Single- In, Single- Out Systeme, SISO sind die PID- Regler seit langer Zeit die mit Abstand am häufigsten eingesetzten Regler. Insbesondere die Regelung von zeitverzögerten Systemen ist herausfordernd. Dazu gibt es einige heuristische Methoden, welche man im Zeit- und im Frequenzbereich anwenden kann. Das sind beispielsweise diejenigen von Ziegler Nichols, Latzel, oder Chien Hrones und Reswick. Die Parameter, welche damit gefunden werden, ergeben zwar aysmptotisch stabile geregelte Systeme. Diese weisen jedoch in den meisten Fällen in der Praxis Einschwingverhalten auf, welche noch eine Nachjustierung erfordern.

In dieser Publikation werden Parametersätze für PID Regler vorgestellt, welche für die Regelung von Systemen mit zeitverzögerten stabilen Sprungantworten angewendet werden können. Diese minimieren die gängigen Gütekriterien im Zeitbereich, IAE, ITAE und ISE. Da die Bestimmung der Parametersätze sehr rechenintensiv ist, wurde für deren Berechnung ein Ansatz aus dem Gebiet der künstlichen Intelligenz gewählt.

Die Anwendung der gefundenen Parametersätze wird an einem Beispiel der Regelung einer Regelstrecke aus der Verfahrenstechnik verifiziert, welche eine sehr grosse Totzeit aufweist. Die Parametersätze berücksichtigen auch die in der Praxis relevanten Stellgrössenbeschränkungen und können grundsätzlich für alle PID- Regler von Regelstrecken mit Zeitverzögerung angewendet werden.

1. Modelle für zeitverzögerte Systeme

Zeitverzögerte Systeme stellen besondere Anforderungen an die Regelung, weil verzögerte Signale schwierig zu regeln sind. Sie kommen jedoch in der Praxis sehr häufig vor, insbesondere in der Verfahrenstechnik oder bei thermischen Systemen, da der Sensor oftmals nicht direkt beim Aktor platziert werden kann. Damit man solche zeitverzögerten Systeme überhaupt regelungstechnisch behandeln kann, wird zuerst ein mathematisches Modell benötigt. Es gibt in der Literatur viele solche Modelle. Sie werden mit Verzögerungselementen modelliert oder auch kombiniert mit mehreren nachgeschalteten PT1 Systemen. Die PID-Parametertabellen, deren Entstehung in dieser Schrift beschrieben und angewendet werden, beziehen sich indes auf PTn Strecken mit identischen Zeitkonstanten. Das sind in Serie geschaltete identische Systeme erster Ordnung, also identische PT1 Elemente. Diese Systeme sind auch ausserhalb der Verfahrenstechnik sehr häufig und in allen Ingenieursdisziplinen zu finden. Die Antworten von solchen Elementen auf Sprünge im Zeitbereich führt auf verzögerte Signale. Auf diese Weise lassen sich auch die Totzeiten gut mit linearen Modellen modellieren.

$$\frac{K_S}{(s \cdot T_1 + 1)^n} \qquad (1)$$

Zeit- Prozent- Kennwert Verfahren

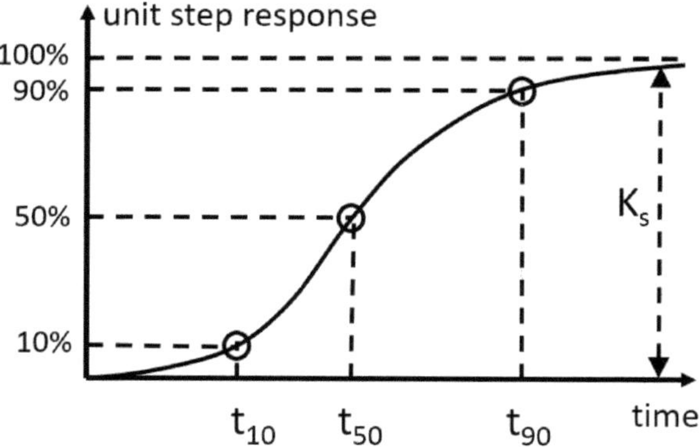

Figur 1: Sprungantwort eines PTn- Systems, Zeit- Prozentkennwert Verfahren

Ein gut anzuwendendes Verfahren, um diese PTn Systeme nach der Formel 1 zu modellieren, ist das Zeit- Prozentkennwert- Verfahren. Hierbei wird die Sprungantwort nach der Figur 2 vermessen und es werden zuerst die Zeiten t10, t50 und t90 bestimmt.

Die Tabelle 1 zeigt weitere Parameter, welche anzuwenden sind. Die Ordnung n wird über den Parameter µ bestimmt, nach der unteren Formel 2.

$$\mu = \frac{t_{10}}{t_{90}} \qquad (2)$$

Ks wird nach der Formel 3 berechnet, siehe auch Figur 1:

$$K_s = \frac{static\ final\ value\ output\ after\ step-\ static\ final\ value\ output\ after\ step}{input\ value\ after\ step-\ input\ value\ before\ step} \qquad (3)$$

Und die identischen Zeitkonstanten T1 der n PT1 Elemente werden nach der Formel 4 berechnet.

$$T_1 = \frac{\alpha_{10} \cdot t_{10} + \alpha_{50} \cdot t_{50} + \alpha_{90} \cdot t_{90}}{3} \qquad (4)$$

n, PTn	µ	α10	α50	α90
2, PT2	0.137	1.880	0.596	0.257
3, PT3	0.207	0.907	0.374	0.188
4, PT4	0.261	0.573	0.272	0.150
5, PT5	0.304	0.411	0.214	0.125
6, PT6	0.340	0.317	0.176	0.108
8, PT8	0.396	0.215	0.130	0.085
10, PT10	0.438	0.161	0.103	0.070

Tabelle 1: Zusammenhänge n, µ, α10, α50, α90

Wendetangentenverfahren

Ein weiteres Verfaren für die Bestimmung der n PT1 Glieder ist das Wendetangentenverfahren. Man kann in vielen Fällen einfach die sogenannte Verzugszeit Tu und die Ausgleichszeit Tg der Sprungantwort messen, indem man eine Tangente in den Wendepunkt legt. Daraus kann man die Anzahl n hintereinandergeschalteter PT1- Glieder und deren identische Zeitkonstanten T1 identifizieren. Die Messung der Sprungantwort einer Regelstrecke lässt sich dann mittels der aus der Literatur gut bekannten Tabelle 1 behandeln.

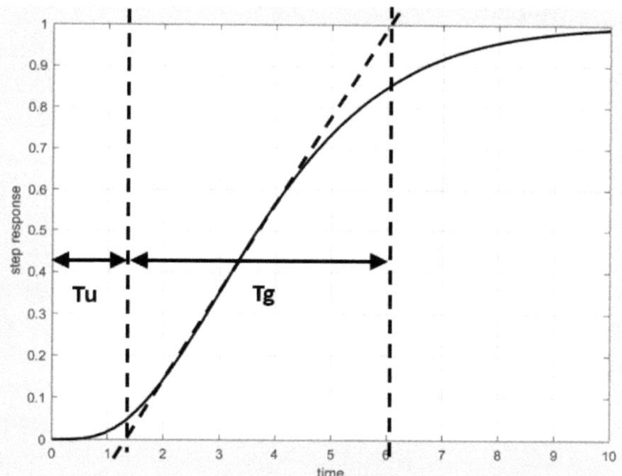

Figur 2: Sprungantwort für die Modellierung eines PTn- Systems, Wendetangente und Unterteilung in die Zeiten Tu und Tg

Die Parameter der Tabelle 2 werden mit den Formeln 5 bis 7 berechnet.

$$\frac{T_g}{T_1} = \frac{(n-1)!}{(n-1)^{n-1}} \cdot e^{n-1} \quad (5)$$

$$\frac{T_u}{T_1} = n - 1 - \frac{(n-1)!}{(n-1)^{n-1}} \cdot \left[e^{n-1} - \sum_{m=0}^{n-1} \frac{(n-1)^m}{m!} \right] \quad (6)$$

$$\frac{T_g}{T_u} = \frac{\frac{(n-1)!}{(n-1)^{n-1}} \cdot e^{n-1}}{n-1-\frac{(n-1)!}{(n-1)^{n-1}} \cdot [e^{n-1}-\sum_{m=0}^{n-1}\frac{(n-1)^m}{m!}]} \qquad (7)$$

n, PTn	Tg/T1	Tu/T1	Tg/Tu
2, PT2	2.72	0.28	9.65
3, PT3	3.69	0.81	4.59
4, PT4	4.46	1.43	3.13
5, PT5	5.12	2.10	2.44
6, PT6	5.70	2.81	2.03
8, PT8	6.71	4.31	1.56
10, PT10	7.59	5.87	1.29
12, PT12	8.38	7.48	1.12
16, PT16	9.76	10.78	0.91
20, PT20	10.97	14.18	0.77

Tabelle 2: Zusammenhänge Tg, Tu, T1 und PTn

2. Optimale Parameter für PID Regler nach der Minimierung der Gütekriterien IAE, ITAE und ISE

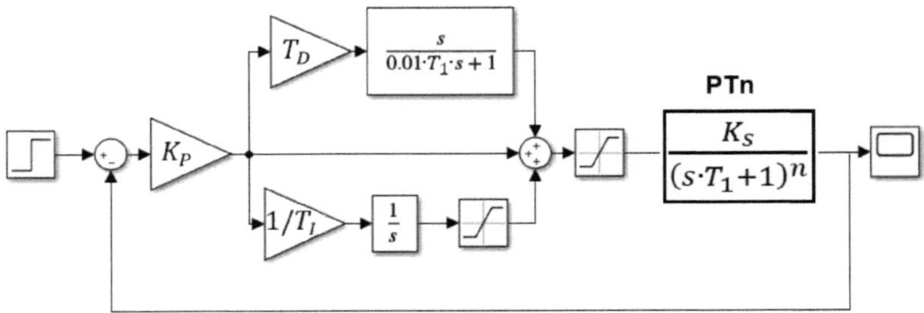

Figur 3: Allgemeines Blockschaltbild eines PTn- Systems, wie es mit einem PID Regler geregelt wird.

Das Blockschaltbild eines geregelten Systems wird in der Figur 3 gezeigt. Das zu regelnde System ist dabei das oben gefundene PTn mit n hintereinandergeschalteten PT1 Elementen, mit den Parametern Ks, T1. Es können nun in der Praxis verschiedene Verfahren angewendet werden, um die Reglerparameter der PID-Regler, Kp, Ti und Td zu finden. Das können modellbasierte Methoden oder auch solche aus der Heuristik sein. Heuristische Methoden sind beispielsweise diejenigen von Ziegler Nichols oder Chien Hrones Reswick. Die Findung der Parameter ist in der Regelungstechnik ein Gebiet mit grossem Optimierungspotenzial, denn die Parameter können unter der Anwendung von verschiedenen Methoden optimiert werden, um gute Einschwingverhalten zu erzielen. Neben verschiedenen Verfahren aus dem Frequenzbereich sind auch die Kriterien IAE, ITAE und ISE bekannt. Sie beziehen sich auf den Zeitbereich und beschreiben die Fehlerfläche einer Sprungantwort des geregelten Systems. Diese Fehlerflächen werden in der Figur 4 dargestellt.

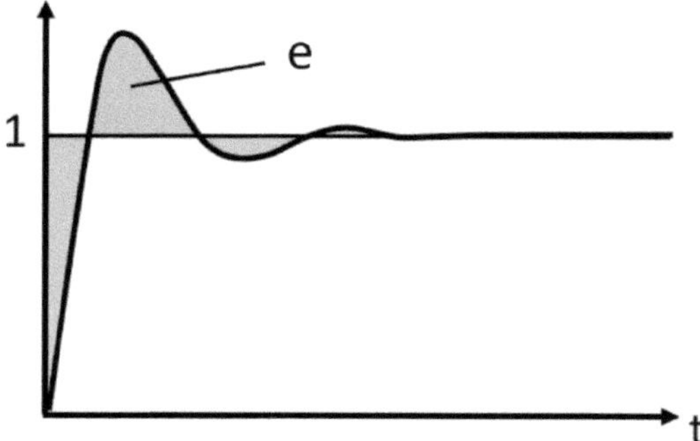

Figur 4: Fehlerflächen beim Einschwingverhalten des Closed- Loop System nach der Figur 3, zur Berechnung der IAE, ITAE und ISE Kriterien.

$$IAE: \int_0^\infty |e(t) - e(\infty)| \, dt; \quad ITAE: \int_0^\infty |e(t) - e(\infty)| \cdot t \cdot dt; \quad ISE: \int_0^\infty [e(t) - e(\infty)]^2 \, dt$$

Daraus ist auch ersichtlich, dass das IAE Kriterium den Betrag der Fehlerfläche berechnet. Das ITAE Kriterium seinerseits berechnet berücksichtigt zusätzlich auch die Zeit. Damit wird die Fehlerfläche bei fortschreitender Zeit stärker gewichtet. Das ISE Kriterium berechnet nicht die Fehlerfläche an sich, sondern deren Quadrat. Somit muss diese auch nicht mit dem Betrag berechnet werden, da sich die negativen Vorzeichen bei der Quadrierung aufheben.

Weil ja in Kapitel 1 die zeitverzögerten Systeme als PTn- Glieder approximiert wurden, könnten für alle Ordnungen n und verschiedene Ks und T1 auch alle PID Reglerparameter Kp, Ti und Td berechnet werden. Man müsste einfach die oben beschriebenen Gütekriterien für alle Sprungantworten simulieren und berechnen. Danach könnten diese Parameter für die minimalen Gütekriterien als Tabellenwerte dargestellt werden. Das Problem dabei ist, dass das für einen merdimensionalen Raum gemacht werden muss (beispielsweise Ordnung n, Kp, Ti, Td, Gütekriterien, verschiedene Stellgrössenbeschränkungen). Also würde das mit den heute verfügbaren Rechenmaschinen sehr lange dauern. Dies müsste mit verschachtelten Loops aller Parameter durchgeführt werden. Bei den 6 Parametern ergäbe das die Komplexität $f(n) = O(x^6)$. Das Problem wäre zwar immer noch in Polynomialzeit lösbar, doch ist die Potenz mit 6 sehr hoch.

Es wurde deshalb eine Methode aus dem Gebiet der künstlichen Intelligenz nach Russell und Norvig gewählt, das Hill Climbing. Mit dieser Methode werden einige der Parameter, hierbei die Parameter des PID Reglers, bei jedem Simulationsdurchlauf leicht verändert. Danach wird neu berechnet, ob die Gütekriterien IAE, ITAE und ISE kleiner geworden sind. Wenn ja, dann werden die neuen Parameter als Referenz verwendet, sonst bleiben die alten bestehen. Auf diese Weise und auch nach vielen Iterationen verharren die Endwerte der Parameter dann auf lokalen Minima der Gütekriterien. Die Methode benötigt sehr viel weniger Rechenzeit als eine komplette Berechnung im mehrdimensionalen Raum.

Da sie aber nur lokale Minima findet, wurden in der Praxis der Parametersuche einfach viele verschiedene zufällige Tupel von Startwerten der Regelparameter angewendet. Es stimmen so viele der Parameterlösungen der konvergierten minimalen Gütekriterien miteinander überein. Deshalb kann man mit einer einigermassen guten Sicherheit annehmen, dass es sich bei den gefundenen Parametern auch tatsächlich um die PID- Parameter Kp, Ti und Td handelt, welche entweder dem absoluten Minimum der Gütekriterien entsprechen, oder welche diesen mindestens sehr nahe kommen

In der Regelungstechnik ist der Einsatz dieser Methode der künstlichen Intelligenz gut gewählt. Oftmals ist es aufgrung der zeitlichen Komplexität der anzuwendenden Rechenschritte nicht möglich, komplette Berechnungen im ganzen Parameterraum durchzuführen. Da man bei solchen Methoden immer nur einen Teil des Parameterraums berechnet, wird die Rechenzeit stark minimiert und es ergeben sich Parametersätze für ausgezeichnete Einschwingverhalten. Den Quercheck, ob es sich dabei wirklich um die minimalen Parameter handelt, wird mit mehreren verschiedenen Startwerten der Parameter durchgeführt. Dies ergibt im Vergleich zu der kompletten Berechnung immer noch eine deutlich verkürzte Rechenzeit.

3. Tabelle für die PID Reglerparameter nach der Minimierung der Gütekriterien IAE, ITAE und ISE

In der untenstehende Tabelle sind die mit Matlab / Simulink und der Methode Hill Climbing berechneten PID Reglerparameter abgelegt, welche nach den minimierten Gütekriterien IAE, ITAE und ISE berechnet wurden. Das Blockschaltbild nach der Figur 3 dient dabei als Grundlage. Die Stellgrössenbeschränkung wird einerseits nach dem Regler, und andererseits auch nach dem Integrator (Anti Windup) implementiert und wird bei den Berechnungen jeweils gleich angenommen als +/- 2, +/- 3, +/- 5, +/- 10. Obwohl der Anti Windup hierbei nie aktiv wird, wird er trotzdem eingefügt, da es in der Praxis aus verschiedenen Gründen vorkommen kann, dass die Regelgrösse im statischen Endwert die Führungsgrösse nicht erreicht. Es ist dabei insbesondere bemerkenswert, dass sowohl die statische Verstärkung Ks als auch die Zeitkonstante T1 in die Reglerparameter einfliessen. Das macht die Tabelle universell und somit für einen sehr grossen Anwendungsbereich einsetzbar.

Der maximale Parameterwert für Kp·Ks ist auf 10 begrenzt.

	(Maximum controller output - controller output before the step) divided by (controller output for the stationary end value - controller output before the step)			
	+/- 2	+/- 3	+/- 5	+/- 10
PT1 IAE	Kp·Ks = 10 Ti = 3.1·T1 Td = 0 (PI)	Kp·Ks = 10 Ti = 2·T1 Td = 0 (PI)	Kp·Ks = 10 Ti = 1.3·T1 Td = 0 (PI)	Kp·Ks = 10 Ti = 1·T1 Td = 0 (PI)
ITAE	Kp·Ks = 9.3 Ti = 2.9·T1 Td = 0 (PI)	Kp·Ks = 9.5 Ti = 1.9·T1 Td = 0 (PI)	Kp·Ks = 9.1 Ti = 1.2·T1 Td = 0 (PI)	Kp·Ks = 10 Ti = 1·T1 Td = 0 (PI)
ISE	Kp·Ks = 10 Ti = 2.7·T1 Td = 0 (PI)	Kp·Ks = 10 Ti = 1.6·T1 Td = 0 (PI)	Kp·Ks = 9.8 Ti = 1.5·T1 Td = 0 (PI)	Kp·Ks = 10 Ti = 0.2·T1 Td = 0 (PI)
PT2 IAE	**Tg/Tu:** Kp·Ks = 10 Ti = 9.6·T1 Td = 0.3·T1	**9.65** Kp·Ks = 10 Ti = 7.3·T1 Td = 0.3·T1	Kp·Ks = 10 Ti = 5.6·T1 Td = 0.3·T1	Kp·Ks = 10 Ti = 3.7·T1 Td = 0.2·T1
ITAE	Kp·Ks = 10 Ti = 9.6·T1 Td = 0.3·T1	Kp·Ks = 10 Ti = 7.3·T1 Td = 0.3·T1	Kp·Ks = 9.6 Ti = 5.4·T1 Td = 0.3·T1	Kp·Ks = 9.8 Ti = 4.7·T1 Td = 0.3·T1

ISE	Kp·Ks = 10 Ti = 9.7·T1 Td = 0.2·T1	Kp·Ks = 10 Ti = 7.3·T1 Td = 0.2·T1	Kp·Ks = 10 Ti = 5.1·T1 Td = 0.2·T1	Kp·Ks = 10 Ti = 4.6·T1 Td = 0.1·T1
PT3	**Tg/Tu**	**4.59**		
IAE	Kp·Ks = 5.4 Ti = 9.4·T1 Td = 0.7·T1	Kp·Ks = 7 Ti = 10·T1 Td = 0.7·T1	Kp·Ks = 8.4 Ti = 9.8·T1 Td = 0.7·T1	Kp·Ks = 10 Ti = 9.7·T1 Td = 0.7·T1
ITAE	Kp·Ks = 5.4 Ti = 9.4·T1 Td = 0.7·T1	Kp·Ks = 7 Ti = 10·T1 Td = 0.7·T1	Kp·Ks = 8.2 Ti = 9.6·T1 Td = 0.7·T1	Kp·Ks = 10 Ti = 9.7·T1 Td = 0.7·T1
ISE	Kp·Ks = 6.1 Ti = 10·T1 Td = 0.6·T1	Kp·Ks = 8.1 Ti = 9.8·T1 Td = 0.6·T1	Kp·Ks = 10 Ti = 10·T1 Td = 0.6·T1	Kp·Ks = 10 Ti = 7.8·T1 Td = 0.6·T1
PT4	**Tg/Tu**	**3.13**		
IAE	Kp·Ks = 2 Ti = 5.2·T1 Td = 1.1·T1	Kp·Ks = 2.9 Ti = 6.5·T1 Td = 1.2·T1	Kp·Ks = 3.3 Ti = 7.1·T1 Td = 1.3·T1	Kp·Ks = 3.3 Ti = 6.9·T1 Td = 1.3·T1
ITAE	Kp·Ks = 1.9 Ti = 5·T1 Td = 1.1·T1	Kp·Ks = 2.4 Ti = 5.9·T1 Td = 1.2·T1	Kp·Ks = 2.3 Ti = 5.7·T1 Td = 1.2·T1	Kp·Ks = 2.1 Ti = 5·T1 Td = 1.1·T1
ISE	Kp·Ks = 2.8 Ti = 6.6·T1 Td = 1.2·T1	Kp·Ks = 3.6 Ti = 7·T1 Td = 1.2·T1	Kp·Ks = 4.9 Ti = 7.1·T1 Td = 1.4·T1	Kp·Ks = 5.2 Ti = 7·T1 Td = 1.4·T1
PT5	**Tg/Tu**	**2.44**		
IAE	Kp·Ks = 1.7 Ti = 5.8·T1 Td = 1.6·T1	Kp·Ks = 1.8 Ti = 5.9·T1 Td = 1.6·T1	Kp·Ks = 1.8 Ti = 5.8·T1 Td = 1.6·T1	Kp·Ks = 1.7 Ti = 5.5·T1 Td = 1.6·T1
ITAE	Kp·Ks = 1.4 Ti = 5.3·T1 Td = 1.4·T1	Kp·Ks = 1.4 Ti = 5.2·T1 Td = 1.4·T1	Kp·Ks = 1.4 Ti = 5.2·T1 Td = 1.4·T1	Kp·Ks = 1.4 Ti = 5.0·T1 Td = 1.4·T1
ISE	Kp·Ks = 1.9 Ti = 5.9·T1 Td = 1.7·T1	Kp·Ks = 2.6 Ti = 6.5·T1 Td = 1.8·T1	Kp·Ks = 2.5 Ti = 6.3·T1 Td = 1.8·T1	Kp·Ks = 2.5 Ti = 6.1·T1 Td = 1.8·T1

PT6	**Tg/Tu:**	**2.03**		
IAE	Kp·Ks = 1.3 Ti = 5.9·T1 Td = 1.9·T1	Kp·Ks = 1.3 Ti = 5.8·T1 Td = 1.9·T1	Kp·Ks = 1.3 Ti = 5.8·T1 Td = 1.9·T1	Kp·Ks = 1.3 Ti = 5.6·T1 Td = 1.9·T1
ITAE	Kp·Ks = 1.1 Ti = 5.5·T1 Td =1.7·T1	Kp·Ks = 1.1 Ti = 5.5·T1 Td = 1.7·T1	Kp·Ks = 1.1 Ti = 5.4·T1 Td = 1.7·T1	Kp·Ks = 1.1 Ti = 5.3·T1 Td = 1.7·T1
ISE	Kp·Ks = 1.8 Ti = 6.8·T1 Td = 2.1·T1	Kp·Ks = 1.8 Ti = 6.5·T1 Td = 2.1·T1	Kp·Ks = 1.8 Ti = 6.5·T1 Td = 2.1·T1	Kp·Ks = 1.8 Ti = 6.3·T1 Td = 2.1·T1
PT8	**Tg/Tu:**	**1.56**		
IAE	Kp·Ks = 0.9 Ti = 6.3·T1 Td = 2.3·T1	Kp·Ks = 0.9 Ti = 6.3·T1 Td = 2.3·T1	Kp·Ks = 0.9 Ti = 6.2·T1 Td = 2.3·T1	Kp·Ks = 0.9 Ti = 6.1·T1 Td = 2.3·T1
ITAE	Kp·Ks = 0.8 Ti = 6·T1 Td =2.0·T1	Kp·Ks = 0.8 Ti = 5.9·T1 Td = 2.0·T1	Kp·Ks = 0.8 Ti = 5.9·T1 Td = 2.0·T1	Kp·Ks = 0.8 Ti = 5.8·T1 Td = 2.0·T1
ISE	Kp·Ks = 1.2 Ti = 7·T1 Td = 2.7·T1	Kp·Ks = 1.2 Ti = 7·T1 Td = 2.7·T1	Kp·Ks = 1.2 Ti = 6.9·T1 Td = 2.7·T1	Kp·Ks = 1.2 Ti = 6.8·T1 Td = 2.7·T1
PT10	**Tg/Tu:**	**1.29**		
IAE	Kp·Ks = 0.8 Ti = 7.3·T1 Td = 2.8·T1	Kp·Ks = 0.8 Ti = 7.3·T1 Td = 2.8·T1	Kp·Ks = 0.8 Ti = 7.2·T1 Td = 2.8·T1	Kp·Ks = 0.8 Ti = 7.1·T1 Td = 2.8·T1
ITAE	Kp·Ks = 0.7 Ti = 6.9·T1 Td =2.4·T1	Kp·Ks = 0.7 Ti = 6.8·T1 Td = 2.4·T1	Kp·Ks = 0.7 Ti = 6.8·T1 Td = 2.4·T1	Kp·Ks = 0.7 Ti = 6.7·T1 Td = 2.4·T1
ISE	Kp·Ks = 1 Ti = 8·T1 Td = 3.2·T1	Kp·Ks = 1 Ti = 8·T1 Td = 3.2·T1	Kp·Ks = 1 Ti = 7.9·T1 Td = 3.2·T1	Kp·Ks = 1 Ti = 7.8·T1 Td = 3.2·T1

PT12	**Tg/Tu:**	**1.12**		
IAE	Kp·Ks = 0.7 Ti = 8.1·T1 Td = 3.1·T1	Kp·Ks = 0.7 Ti = 8.1·T1 Td = 3.1·T1	Kp·Ks = 0.7 Ti = 8.1·T1 Td = 3.1·T1	Kp·Ks = 0.7 Ti = 7.9·T1 Td = 3.1·T1
ITAE	Kp·Ks = 0.6 Ti = 7.5·T1 Td =2.6·T1	Kp·Ks = 0.6 Ti = 7.5·T1 Td = 2.6·T1	Kp·Ks = 0.6 Ti = 7.4·T1 Td = 2.6·T1	Kp·Ks = 0.6 Ti = 7.3·T1 Td = 2.5·T1
ISE	Kp·Ks = 0.9 Ti = 9.2·T1 Td = 3.6·T1	Kp·Ks = 0.9 Ti = 9.2·T1 Td = 3.6·T1	Kp·Ks = 0.9 Ti = 9.1·T1 Td = 3.7·T1	Kp·Ks = 0.9 Ti = 8.9·T1 Td = 3.7·T1
PT16	**Tg/Tu:**	**0.91**		
IAE	Kp·Ks = 0.6 Ti = 9.9·T1 Td = 3.9·T1	Kp·Ks = 0.6 Ti = 9.9·T1 Td = 3.8·T1	Kp·Ks = 0.6 Ti = 9.8·T1 Td = 3.9·T1	Kp·Ks = 0.6 Ti = 9.7·T1 Td = 3.8·T1
ITAE	Kp·Ks = 0.6 Ti = 9.9·T1 Td = 3.7·T1	Kp·Ks = 0.6 Ti = 9.9·T1 Td = 3.7·T1	Kp·Ks = 0.6 Ti = 9.8·T1 Td = 3.6·T1	Kp·Ks = 0.6 Ti = 9.7·T1 Td = 3.6·T1
ISE	Kp·Ks = 0.8 Ti =11.7·T1 Td = 4.5·T1	Kp·Ks = 0.8 Ti =11.6·T1 Td = 4.5·T1	Kp·Ks = 0.8 Ti =11.6·T1 Td = 4.5·T1	Kp·Ks = 0.8 Ti =11.4·T1 Td = 4.6·T1
PT20	**Tg/Tu:**	**0.77**		
IAE	Kp·Ks = 0.6 Ti =12.3·T1 Td = 4.8·T1	Kp·Ks = 0.6 Ti =12.3·T1 Td = 4.8·T1	Kp·Ks = 0.6 Ti =12.3·T1 Td = 4.8·T1	Kp·Ks = 0.6 Ti =12.1·T1 Td = 4.8·T1
ITAE	Kp·Ks = 0.5 Ti =11.1·T1 Td =3.9·T1	Kp·Ks = 0.5 Ti =11.1·T1 Td = 3.9·T1	Kp·Ks = 0.5 Ti =11.1·T1 Td = 3.9·T1	Kp·Ks = 0.5 Ti = 11·T1 Td = 3.9·T1
ISE	Kp·Ks = 0.7 Ti =13.3·T1 Td = 5.5·T1	Kp·Ks = 0.7 Ti =13.3·T1 Td = 5.5·T1	Kp·Ks = 0.7 Ti =13.2·T1 Td = 5.6·T1	Kp·Ks = 0.7 Ti = 13·T1 Td = 5.7·T1

Tabelle 3: Tabellenwerte der PID Parameter für die minimierten IAE, ITAE and ISE Kriterien für die Regelung von PTn Systemen.

4.   Anwendung der Tabelle: Regelung eines PT2 Systems

Als Anwendung wird zuerst ein didaktisches Beispiel herangezogen, um die grundsätzliche Tauglichkeit der Parametertabelle zu zeigen. Die Antwort eines zeitverzögerten Systems auf einen Einheitssprung zeigt einen statischen Endwert von 1, eine Verzögerungszeit Tu von 0.28 Sekunden und eine Anstiegszeit Tg von 2.72 Sekunden. Damit wird Tu/Tg = 9.65 und damit resultiert ein PT2 Verhalten mit Ks = 1 und T1 = 1 Sekunde.

Für das ITAE Kriterium werden die Tabellenwerte der PID-Parameter für die PT2 Strecke abgelesen. Für Ks = 1, T1 = 1 und eine Regelung nach dem minimierten ITAE Kriterium und einer Stellgrössenbeschränkung von +/-2 wird: Kp = 10; Ti = 6.3; Td = 0.3. Die Simulation der Sprungantworten des Closed Loop Systems nach der Figur 3 ist in Figur 5 dargestellt. Sie zeigen ein sehr schönes Einschwingverhalten. Die unterschiedlichen Dynamiken bzw. Anstiegszeiten   können   mit   den   unterschiedlichen Stellgrössenbeschränkungen gut erklärt werden.

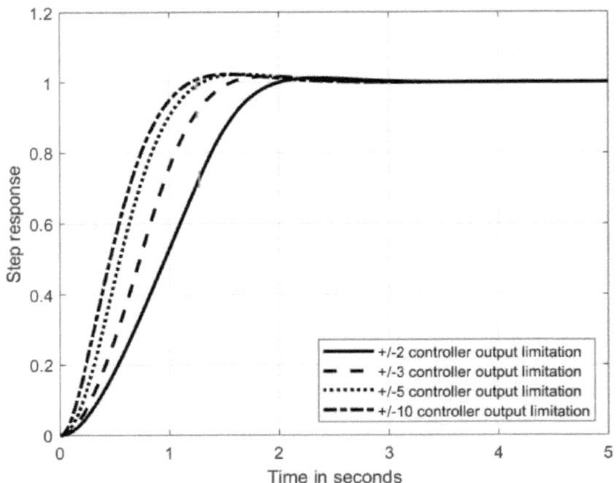

Figur 5: Sprungantwort des Closed Loop Systems nach Figur 3 für eine PT2 Strecke mit den Tabellenwerten für das ITAE Kriterium

Das zeigt auch sehr gut, dass diese in die Reglerauslegung miteinbezogen werden müssen. Im nächsten Beispiel wird eine reale Problemstellung mit einer viel grösseren Zeitverzögerung behandelt, um auch die Praxistauglichkeit der vorgestellten Parametertabelle zu zeigen.

5. Anwendung der Tabelle: Regelung einer Flüssigkeitskonzentration mit Totzeit

Bei dem System nach der Figur 6 werden zwei Alkohol- Lösungen mit unterschiedlichem Durchflüssen Q_1 und Q_2 und Konzentrationen c_1 und c_2 mit einem Rührgerät miteinander gemischt. Eine hier nicht behandelte weitere Regelung sorgt für ein immer konstantes Flüssigkeitsniveau im Mischer. Um die Konzentration c_O der Lösungen nach dem Rührprozess einzustellen, kann die Konzentration c_1 der ersten Lösung verändert werden, währenddessen die zweite Lösung nicht verändert wurd.

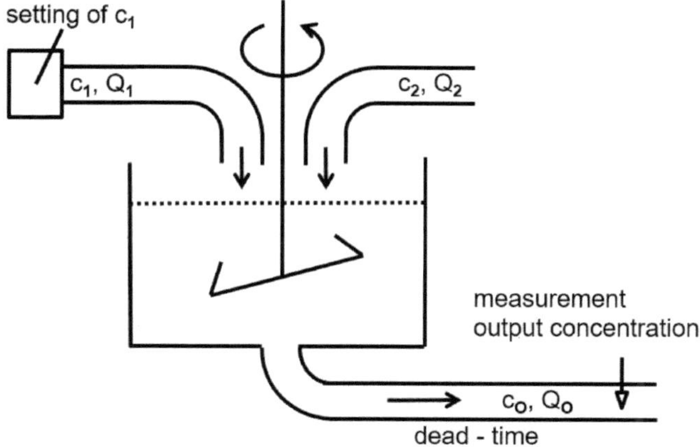

Figur 6: Technologieschema einer Anlage, um die Konzentration c_O einer Flüssigkeit einzustellen.

Somit sind im stationären Fall folgende Formeln gültig:

$$Q_1 + Q_2 = Q_O \qquad und \qquad Q_1 \cdot c_1 + Q_2 \cdot c_2 = Q_O \cdot c_O$$

Die Anlage habe im Betriebspunkt folgende Daten: Lösung 1; $Q_1 =$ 2l/s und c_1 = 20%, Lösung 2; Q_2 = 1l/s und c_2 = 60%. Somit resultiert bei Q_O ein Durchfluss von 3l/s und die Konzentration c_O berechnet sich zu 33.33% mit der unteren Formel

$$c_O = \frac{Q_1 \cdot c_1 + Q_2 \cdot c_2}{Q_O}$$

Man möchte die Konzentration c_O nach der Mischung nun mit einem PID Regler regeln. Die Stellgrösse ist dabei die Konzentrationsänderung c_1 und die Regelgrösse also c_O. Die Messung der Konzentration erfolgt nach der Figur 6 im Durchflussrohr nach dem Mischer. Da die Flüssigkeit nach der Mischung einen konstanten Volumenstrom aufweist und bis zur Messstelle einen Weg im Rohr zurücklegen muss, resultiert auch eine Totzeit. Der Mischprozess selber weist ebenfalls eine Dynamik auf und so ergibt sich das klassische und bekannte Verhalten eines Systems mit Totzeit.

Um den PID- Regler mit den bereitgestellten Parametersätzen berechnen zu können, muss also zuerst die Sprungantwort des obigen Systems gemessen werden.
Dazu wird die Konzentration c_1 zum Zeitpunkt t = 0 von 20% auf 40% erhöht. Hier ist im System ebenfalls ein unterlagerter Regelkreis zuständig, welcher aber im Vergleich sehr schnell ist.
Die Konzentration c_O berechnet sich nach der oberen Formel im stationären Fall zu 46.33%.
Die Figur 7 zeigt die Messung der Sprungantwort von c_O für einen Sprung von c_1 von 20% auf 40%.

Dabei ist Ks = Delta des Ausgangs Δc_O , geteilt durch das Delta des Eingangs Δc_1, jeweils im Vergleich nach und vor dem Sprung. Im konkreten Fall ergibt sich also:

$$K_S = \frac{\Delta c_O}{\Delta c_1} = \frac{46.66\% - 33.33\%}{40\% - 20\%} = 0.67$$

In der Figur 7 ist ersichtlich, dass sich eine sehr grosse Totzeit Tu von 43 Sekunden ergibt. Die anschliessende Anstiegszeit Tg beträgt 39 Sekunden. Das Verhältnis Tg/Tu beträgt also 39/43 = 0.91. Nach den Tabellenwerten des Wendetangentenverfahrens entspricht das ziemlich gut einem PT16 – Verhalten, also dem Verhalten von 16 hintereinandergeschalteten PT1 Gliedern. Weiter betragen die identischen Zeitkonstanten T_1 = Tg/9.76 = 39/9.76. Das ergibt etwa T_1 = 4 Sekunden.

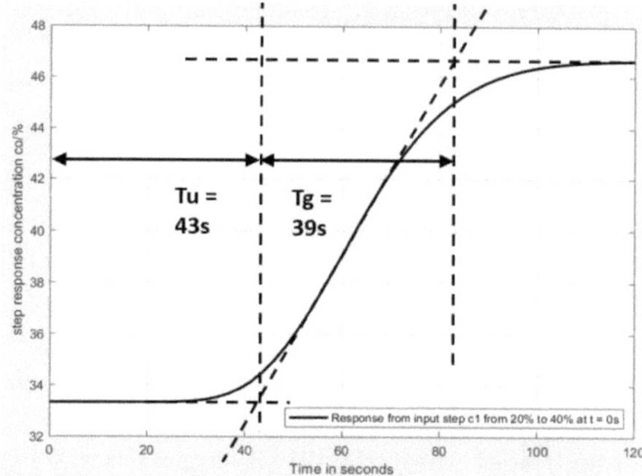

Figur 7: Sprungantwort der Regelgrösse c_O auf einen Sprung von C_1 von 20% auf 40%.

Um die Tabellenwerte der optimalen Reglerparameter nach dem IAE oder ITAE Kriterium zu ermitteln, wird noch die Stellgrössenbeschränkung benötigt. Man möchte als Beispiel einen Sprung bei der Ausgangskonzentration von 33.33% auf 46.67% erreichen.

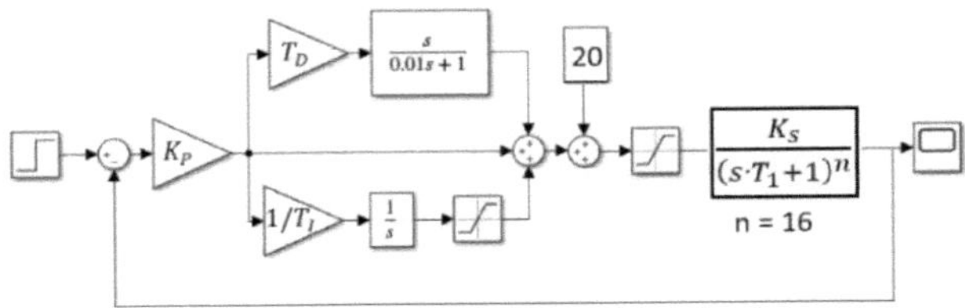

Figur 8: Blockschaltbild des geregelten Systems mit Arbeitspunkt.

Bei diesem System kann die Konzentration c_1 maximal 60% betragen. Die Stellgrösse vor dem Sprung betrug 20%. Die Stellgrösse für den neuen stationären Endwert beträgt also nach der Tabelle:

$$\frac{Control\ output\ limitation}{} = \frac{Maximum\ controller\ output - controller\ output\ before\ the\ step}{controller\ output\ for\ the\ stationary\ end\ value - controller\ output\ before\ the\ step}$$
$$= \frac{60\% - 20\%}{40\% - 20\%} = 2$$

Es ist selbstverständlich klar, dass wenn mit denselben Reglerparametern unterschiedliche Sprünge realisiert werden sollen, man einen Parametersatz wählt, welcher möglichst nahe an den zu realisierenden Stellgrössenbeschränkungen liegt. Allerdings sind die Parametersätze in der Tabelle für die einzelnen Stellgrössenbeschränkungen sehr ähnlich. Deshalb handelt es sich hierbei nicht um eine starke Einschränkung.

In der Tabelle findet man für PT16, Tg/Tu = 0.91 und eine Stellgrössenbeschränkung von +/-2 für die beiden Kriterien IAE und ITAE fast dieselben Werte, unten gilt für ITAE:

$$Kp = \frac{0.6}{Ks} = 0.9 \qquad Ti = 9.9 \cdot T_1 = 36.6s \qquad Td = 3.7 \cdot T_1 = 14.8s$$

Wenn man die Reglerstruktur nach der Figur 8 wählt und als Parameter die obigen Werte einsetzt, erhält man als Sprungantwort des Closed Loops den Verlauf nach der Figur 9.

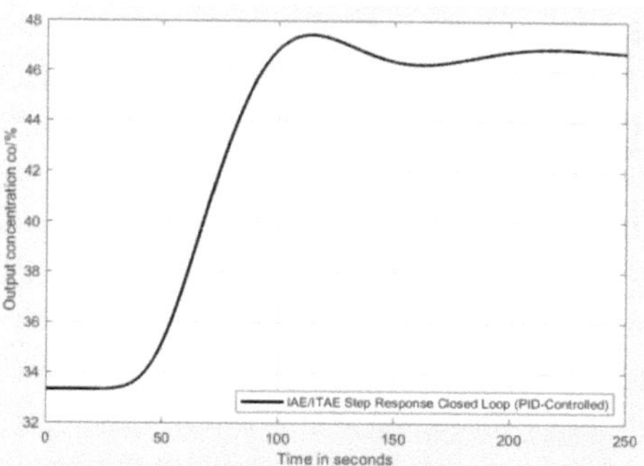

Figur 9: Sprungantwort des geregelten Systems, Sollwertsprung C_O von 33.33% auf 46.67%.

6.   Diskussion

Bei den diskutierten Beispielen zeigt sich ein ausgezeichnetes Einschwingverhalten. Die Tabelle ist skaliert mit Ks und T1 und ist allgemein einsetzbar. Sie ist nicht vergleichbar mit heuristischen Methoden, denn es handelt sich bei den Parametern in der Tabelle um berechnete Werte, welche die Gütekriterien minimieren. Zur Diskussion stellt sich auch, was wäre, wenn man unterschiedliche Sprünge ausführen würde und deshalb die Parameter nach unterschiedlichen Faktoren der Stellgrössenbeschränkungen wählen müsste. Es zeigt sich jedoch, dass die Parameter sehr ähnlich sind und man Werte für Sprünge wählen sollte, welche beim konkreten System am ehesten auftreten. Bei nichtlinearen Systemen sind bei unterschiedlichen Sprungantworten der Systeme auch die Ks und T1 unterschiedlich. Dort muss man genauere Analysen der sinnvollen Parameter durchführen.

Eine spannende Erkenntnis ergibt sich in der Diskussion der Frage, wie sich die Parameter Kp, Ti und Td für sich ändernde Verhältnisse Tg/Tu (also Anstiegszeit im Verhältnis zur Verzögerungszeit) entwickeln.

Je kleiner das Verhältnis wird, je grösser also die Verzögerungszeit im Verhältnis zur Anstiegszeit wird, desto kleiner wird einerseits Kp und desto grösser wird andererseits Td.

Der Effekt des kleinen Kp, im Beispiel ist ja nach Tabelle die Multiplikation Kp mit Ks nur 0.6 heisst, dass sich das System nur langsam regeln lässt. In der Literatur wird das auch so beschrieben, dass die Regelbarkeit für Systeme mit grösseren Totzeiten reduziert wird. Würde man die Stellgrösse mitplotten, so sähe man, dass auch diese nur relativ klein ist. Also nützt es bei diesen Systemen nichts, wenn man eine zusätzliche Reglerreserve durch Verstärker zur Verfügung stellt, denn diese kann systembedingt gar nicht ausgenutzt werden. Das heisst dann auch, dass sich das geregelte System gar nicht dynamischer verhält als das ungeregelte, wie ein Vergleich der Sprungantworten bei den Figuren 7 und 9 zeigt.

Eine Regelung bewirkt jedoch zwei grundsätzliche Dinge: einerseits möchte man das System oftmals schneller machen, und versorgt das System mit grösseren Verstärkungen und damit kurzfristig mit mehr Stellgrösse und andererseits möchte man, dass die Messung der Regelgrösse, im vorliegenden Beispiel die Ausgangskonzentration c_O, genau dem Sollwert folgt, insbesondere auch beim statischen Endwert.

Wenn man bei den Tabellen die Entwicklung des Wertes von Kp verfolgt, so wird mit kleineren Verhältnissen Tg/Tu (bzw. grösserer Ordnungen n der PTn- Systeme und damit grösseren Totzeiten) und kleineren Kp keine höhere Systemdynamik mehr erzielt, sondern das geregelte System beschränkt sich darauf, dass die Regelgrösse einerseits ein nach den minimerten Gütekriterien schönes Einschwingverhalten zeigt und insbesondere auch im stationären Endwert den Sollwert erreicht, was in der Praxis oftmals auch hinreichend ist

Bei der Betrachtung des Differentialanteils des Reglers Td zeigt sich, dass bei der Regelung von häufig vorkommenden PT1 Gliedern ein Differentialanteil für die Optimierung der Gütekriterien fehlt, also ein reiner PI- Regler bereits optimal ist. Mit steigender Systemordnung, also einem kleiner werdenden Verhältnis Tg/Tu, bzw. grösserer Verzögerung wird der benötigte D- Anteil (Td) immer grösser.

Es zeigt sich, dass die sehr häufig in der Praxis vorkommenden PTn Systeme mit den vorliegenden Tabellenwerten nach den minimierten IAE, ITAE und ISE Kriterien sehr gut geregelt werden können. Man kann in der Praxis sogar damit oftmals auf eine Simulation verzichten und nur die Sprungantwort des Systems messen. Danach kann die Ordnung n und die zugehörigen Parameter für den PID- Regler aus der Tabelle gelesen und der Regler direkt am System implementiert werden.

Diese Schrift möge einen Beitrag dazu zu leisten, dass der Entwicklungsprozess der Reglerauslegung für solche häufig vorkommenden Systeme künftig stark vereinfacht wird.

7.   Literature

[1]   Ziegler, J. B., Nichols N. B., Optimum settings for automatic controllers, ASME Transactions, v64 (1942), pp. 759-768

[2]   Kun Li Chien Kun Li, Hrones, J. A., Reswick, J. B., On the Automatic Control of Generalized Passive Systems. In: Transactions of the American Society of Mechanical Engineers., Bd. 74, Cambridge (Mass.), USA, Feb. 1952, S. 175–185

[3]   Russel, Stuart J, Norvig, Peter, Artificial Intelligence: A Modern Approach (2nd edition), Upper Saddle River, New Jersey: Prentice Hall, pp 111- 114, ISBN 0-13-790395-2, 2003

[4]   Büchi, Roland. "Optimal ITAE Criterion PID Parameters for PTn Plants Found with a Machine Learning Approach." *2021 9th International Conference on Control, Mechatronics and Automation (ICCMA)*. IEEE, 2021.

[5]   da Silva LR, Flesch RC, Normey-Rico JE. Controlling industrial dead-time systems: When to use a PID or an advanced controller. ISA transactions. 2020 Apr 1;99:339-50.

[6]   Qi, Zhi, Qian Shi, and Hui Zhang. "Tuning of digital PID controllers using particle swarm optimization algorithm for a CAN-based DC motor subject to stochastic delays." IEEE Transactions on Industrial Electronics 67.7 (2019): 5637-5646.

[7]   Joseph, E. A., Olaiya, O. O., Cohen- Coon PID Tuning Method, A Better Option to Ziegler Nichols- PID Tuning Method, Computer Engineering and Intelligent Systems, ISSN 2222-1719, Vol. 9, No. 5, 2018

[8]   Unbehauen H. Regelungstechnik. Braunschweig: Vieweg; 1992.

[9]   S. Zacher, M. Reuter: Regelungstechnik für Ingenieure. 15.Auflage, Springer Vieweg Verlag, 2017

[10] Büchi, Roland. "Brushless-Motoren und–Regler. 1." *Auflage, Baden-Baden: Verlag für Technik und Handwerk neue Medien GmbH* (2013).

[11] G. Schwarze: Bestimmung der regelunsgtechnischen Kennwerte von P-Gliedern aus der Übergangsfunktion ohne Wendetangentenkonstruktion, In: - messen-steuern-regeln Heft 5, S. 447-449, 1962

[12] Martins, Fernando G., Tuning PID Controllers using the ITAE Criterion, Int. Journal Engineering, Edition. Vol. 21, No. 5. Pp. 867-873, 2005

[13] Büchi, Roland. *State space control, LQR and observer: step by step introduction with Matlab examples*. Norderstedt Books on Demand, 2010.

[14] Leishman Guillermo J. Silva, Aniruddha Datta. S. P. Bhattacharyya. "PID Controllers for Time-Delay Systems". Boston. ISBN 0-8176-4266- 8.2005.